AF582267

DE LA TAILLE
DE
LA VIGNE.

MÉMOIRE qui a remporté le Prix de l'Académie de Montauban,

PAR M. *l'Abbé* BERTHOLON, *Professeur de Physique Expérimentale des Etats-Généraux de Languedoc, & Membre de plusieurs Académies.*

A MONTPELLIER,
Chez JEAN MARTEL AINÉ, Imprimeur Ordinaire du Roi, & des Etats-Généraux de la Province de Languedoc.

M.DCC. LXXXVIII.

DE LA TAILLE
DE
LA VIGNE.

DÈS que le fruit délicieux de la vigne fut connu, on transporta & on naturalisa aussitôt cette plante précieuse dans les diverses contrées qui ne se refusoient pas à sa culture. L'Europe la reçut bientôt de l'Asie. Les Phéniciens, ces hardis navigateurs, qui les premiers oserent affronter les orages & les dangers qu'offre sans cesse l'élément liquide, connurent bientôt la vigne & ses avantages, & c'est à ce Peuple que les Isles de l'Archipel, que la Grece & la Sicile furent redevables de ce présent inestimable.

L'Italie ne tarda pas à recevoir la vigne des mains de ses voisins ; on croit que ce fut quelque temps avant Romulus, puisque Varron rapporte que » Mezence, Roi d'Etrurie, fut engagé à venir au secours des Rutules contre

» les Latins, par les vins dont on lui fit pré-» ſent: *vini mercede*, dit Pline «. Mais ſous le règne de Romulus & même ſous celui de Numa, la vigne fut peu cultivée, & conſéquemment le vin très-rare; auſſi étoit-il défendu d'en faire des libations dans les ſacrifices, ſur les buchers en l'honneur des morts, & même aux femmes d'en boire, *tanta ejus parcimonia fuit*, aſſure Pline; & ailleurs il dit: *quod ſubjunxiſſe illum propter inopiam rei nemo dubitat*, liv. 15 chap. 12. Mais enſuite la culture de cette plante devint plus répandue, & la licence dans les repas plus commune. Caton retira de ſes terres un produit incroyable, & cet exemple plus puiſſant que toutes les loix, perſuada bientôt à tout le monde de l'imiter.

Les Gaulois, au rapport de Plutarque, enchantés de l'excellence & de la douceur des vins de l'Italie, dont Aruns le Tyrrhenien leur fit goûter des eſſais qu'il avoit apportés chez eux, les Gaulois furent bientôt déterminés à faire des irruptions dans cette belle contrée qu'occupoient les maîtres du monde. Comment réſiſter à l'éloquence d'Aruns? *hæc vel bello quæſiſſe gloria ſit*. Cependant Euxene, fondateur de Marſeille, Colonie de la Grece, y apporta des ceps de vignes, d'oliviers, &c. même avant l'arrivée d'Aruns. Selon Columelle, Pline & tous les anciens, la vigne fut cultivée dans les Gaules long-temps avant Virgile. La culture de cette plante éprouva bien des variations dans la ſuite. Domitien fit arracher les vignes dans les Gaules, prétendant que la culture du bled seroit plus utile à l'Empire. Pendant près de deux cents ans cette Ordonnance fut en vigueur; mais ensuite les Empereurs Probus & Julien en rétablirent la plantation. Charlemagne & les Rois ses successeurs, protégèrent également les vignes, & jusqu'au quinzième siècle en firent multiplier les plantations; elles furent ensuite, ainsi qu'aujourd'hui, à un point florissant. Une culture aussi ancienne dans les Gaules & la France, la grande réputation dont nos vins jouissent universellement, annoncent que c'est en France qu'on doit traiter des meilleures méthodes de cultiver la vigne. Comme l'agriculture a pris depuis peu d'années une forme nouvelle, que les Anciens n'ont rien écrit, ou n'ont presque rien donné de satisfaisant sur cet objet, malgré l'apparence qui sembloit favoriser la solution de la question que nous allons entreprendre, nous serons obligés de nous passer de tous les secours qu'on auroit dû attendre des Auteurs anciens, & même des modernes qui ne paroissent pas avoir traité ce sujet d'une manière satisfaisante.

Il en est de la vigne & de tous les arbrisseaux fructifères, comme des arbres utiles; si on veut jouir des avantages qu'on peut en retirer, il faut retrancher ce luxe superflu & nuisible de jets, de rejettons & de branches qui ne sont qu'une vaine parure propre à épuiser le tronc qu'ils semblent embellir. On pourroit peut-être comparer ce luxe imposant à celui des grands

Seigneurs qui, plus jaloux de la représentation & de la magnificence que d'autres qualités plus réelles, voient bientôt leur brillante fortune s'évanouir, & ne tardent pas à être réduits à la plus triste indigence.

L'expérience prouve que la taille des arbres & des arbustes est nécessaire, & il a fallu que les preuves qu'elle nous fournit fussent bien décisives, puisqu'elles ont triomphé du préjugé naturel qui s'y opposoit. Ne paroissoit il pas naturel d'abandonner aux soins de la nature, ces utiles végétaux qui embellissent nos jardins & nos vergers, comme ceux qui peuplent si majestueusement nos forêts? Pourquoi s'opposer aux vues & aux loix de la nature toujours si sage, & troubler l'harmonie de ces êtres si semblables à certains égards, c'est-à-dire, quant à leur organisation & à leur méchanisme seulement, au corps des animaux, machines si supérieures à toutes les autres.

Une observation constante nous a montré que la taille étoit nécessaire pour nous procurer des fruits plus beaux & plus savoureux, plus abondans, plus hâtifs, & que l'arbre qui les portoit en étoit plus durable. La nature, si libérale & si magnifique dans ses dons, a voulu, en semant ses bienfaits sur la terre, en renfermant dans les entrailles de cette mere féconde tant de germes précieux, elle a voulu que le travail de l'homme les en arrachât, & c'est pour cela qu'elle l'a pourvu de bras, instrumens dont la perfection & les ressources qu'ils procurent seront toujours au-dessus de nos foibles conceptions.

C'est le hasard, ce pere de nos plus brillantes découvertes, qui nous a mis sur la voie de la taille des arbrisseaux & des arbres. Les Indiens, en Amérique, observerent que le feu ayant pris fortuitement à des rosiers, ils porterent l'année suivante, une grande quantité de roses sur les rejettons qui n'avoient pas été consumés, tandis que les années précédentes, ces arbrisseaux, dont les branches avoient crû en liberté & s'étoient multipliées prodigieusement, n'avoient donné que très-peu de fleurs. C'est ainsi, au rapport d'Acosta, que les habitans du nouveau monde apprirent à émonder cet arbuste, & à rétrancher de plusieurs autres des rejettons & des branches inutiles. Plus anciennement une chèvre donna dans l'hemisphère que nous habitons, la première idée de tailler la vigne. Cet animal, si fatal à l'agriculture, lorsqu'il est abandonné à lui même, lui fut cette fois très-utile. Cette chèvre ayant brouté un cep, on observa que l'année suivante il y eut une grande quantité de raisins, & qu'ils étoient beaucoup plus gros & infiniment meilleurs qu'ils ne l'avoient été jusqu'alors. Cette heureuse découverte fut un germe de lumiere dont l'agriculture sut profiter.

Les expériences & l'observation ayant été constamment répetées pendant une longue suite d'années, on a eu occasion de remarquer dans tous les temps & dans tous les siècles, 1°. Que la taille de la vigne fait pousser au cep du bois plus fort, ce qui est nécessaire pour la production du fruit ; tandis que la vigne abandonnée à elle-même pouſſe du bois moins vigoureux & plus impropre à la fructification. 2°. Que la taille empêche que la vigne ne ſoit affoiblie par une grande quantité de ſarmens qui, ſans cette opération, naîtroient. 3°. Que le retranchement qu'on pratique des branches inutiles, rend la durée de la vigne conſidérablement plus grande, une vigne laiſſée en liberté périſſant bien plutôt. 4°. Que cette opération rend les raiſins qui naîtront du cep, plus gros, mieux nourris, plus ſucculens, plus délicieux & d'une qualité infiniment ſupérieure, tandis qu'étant ſupprimée, les fruits ſeroient plus petits, moins agréables, & contenant beaucoup moins de liqueur. 5°. Que les fruits d'un cep dont on a retranché un bois ſuperflu & deſtructeur, parviennent plutôt à leur maturité ; & ceux d'une vigne mal taillée périſſent plus tard & quelquefois ne mûriſſent point, &c. . . . Voilà un grand nombre d'avantages que produit la taille de la vigne, & ils ſont tels que perſonne n'en révoque en doute la néceſſité.

Afin de tirer tout le parti poſſible de cette opération, il eſt néceſſaire de connoître l'art de tailler ; car c'en eſt un véritable que peu de gens connoiſſent parfaitement. Auſſi le célébre La Quintinie diſoit-il que beaucoup de gens coupoient, mais que peu ſavoient tailler ; & le Docteur Menſio de Montclair, du Diocèſe d'Aſti, aſſure-t-il au Père Della Valle que « les » vignes du Piémont portent un tiers moins de raiſins

» raiſins qu'elles ne devroient en porter, parce
» qu'on ne ſait point les tailler ſuivant la nature
» des terreins où elles ſont ſituées. » Lettre du
P. Della Valle à M. Joſeph Vernazza.

Ce n'eſt point la queſtion de la manière dont la taille doit ſe faire que nous propoſons de déterminer ; pour le préſent nous nous bornons à une autre queſtion laquelle eſt une des plus importantes qu'on puiſſe ajouter ſur l'objet de la vigne. Il s'agit de ſavoir *quel eſt le temps le plus propre pour tailler la vigne, relativement à la différence des climats & à la ſituation des vignobles*. Sa ſolution préſente au premier coup-d'œil mille difficultés plus fortes les unes que les autres ; mais l'eſpoir d'être utile engage à ſurmonter tous les obſtacles.

Il ne peut y avoir que trois ſaiſons pour la taille de la vigne ; la fin de l'automne, l'hiver & le commencement du printemps. C'eſt dans ces différentes époques que les Cultivateurs, ou par choix, ou par la néceſſité des circonſtances, pratiquent l'opération dont nous parlons. Il eſt donc indiſpenſable d'examiner quel eſt de ces trois temps celui qui mérite la préférence. Afin de ſimplifier cette queſtion, d'être plus clair & plus méthodique dans la diſcuſſion préſente, je crois qu'il eſt à propos de ne conſidérer que deux temps, la fin de l'automne & le commencement du printemps ; car la ſaiſon de l'hiver par ſon commencement, ſe rapproche de l'automne ; & par ſa fin, elle ſe rapproche du printemps. L'hiver, aſtronomiquement parlant, commence le 21 Décembre, & le printemps le 21 Mars. Mais qui est-ce qui se persuadera que lorsqu'il s'agit d'Agriculture, il faille adopter la distribution que les Astronomes font du temps? Ne sait-on pas que la différence des temps agronomiques, doit se conclure de la différence des températures, & non de l'entrée du Soleil dans le premier ou dixième degré de tel ou tel autre signe? De bonne foi, qui est-ce qui se persuadera, que huit ou dix jours de différence, par exemple, produisent une grande différence dans les questions & méthodes agronomiques. Indépendamment de cette considération, nous répondrons que si cette raison ne plaisoit pas à tout le monde, nous examinerons l'influence de la saison de l'hiver proprement dit, en parlant dans notre seconde Partie de la différence des climats & de la situation des vignobles. Ainsi nous ne faisons que suspendre la discussion d'un membre de la question pour la traiter plus directement en un autre endroit du Mémoire.

Cette observation préliminaire supposée, afin de bien juger de la saison la plus propre à la taille de la vigne, je crois qu'il est nécessaire d'examiner les choses en elles-mêmes, de considérer la nature de la vigne, les effets primitifs que produit la taille dans cette plante, & de faire une attention toute particulière à l'essence de l'objet, plutôt qu'à une infinité d'accessoires & d'accidens dont on ne s'occupe ordinairement que trop dans la discussion de la plupart des questions. En cherchant à résoudre le problême proposé, j'aurai donc toujours devant les yeux la nature des choses & leurs propriétés essentielles ; sans cette précaution, on ne pourra jamais se flatter d'en donner une bonne solution. Il y a une filiation d'idées qui découlent les unes des autres, dont je suivrai la chaîne dans tout ce Mémoire.

Ces observations présupposées, si nous jettons les yeux sur ce qui se passe après la vendange, nous verrons que la Nature nous indique que la taille de la vigne doit se faire vers la fin de l'automne. Les feuilles de la vigne desséchées & devenues inutiles tombent alors, elles ne sont plus qu'une partie inutile & un ornement superflu, ou, si on aime mieux, des organes sans fonction, leur chûte est nécessaire, & la Nature l'opère. M. de la Quintinie, cet habile Agriculteur, à qui la science agronomique est si redevable, a toujours recommandé de tailler la vigne aussitôt que les feuilles sont tombées vers la fin d'Octobre ; & son autorité, fruit d'une longue expérience, sera toujours d'un grand poids. C'est aussi le sentiment de plusieurs Anciens, particuliérement de *Crescentius* qui dit : *Omnis arborum amputatio quandocumque fieri potest à tempore casus foliorum.* Soyez le premier, dit Virgile, à enlever le sarment pour le brûler, à bêcher la terre, &c.

Les sarmens qui, dans la belle saison, ont poussé & crû à la fin de l'automne, non seulement ne sont plus qu'un poids inutile, mais encore ils ne sont que des êtres parasites qui dévorent la ſubſtance nourricière du cep & des branches principales. Ces êtres dévorans doivent donc être retranchés le plutôt qu'il eſt poſſible, afin qu'ils ne conſument point la nourriture de la plante-mère. En laiſſant ſubſiſter pendant l'hiver les ſarmens qu'on ſe propoſe de tailler ſeulement au printemps ; ces ſarmens, qui, comme nous l'avons dit, ſe nourriſſent aux dépens du tronc, ſe fortifient encore par-là même, par l'abſorption qu'ils ont faite d'une partie du ſuc nourricier de la vigne, partie proportionnelle au nombre & à la grandeur des branches & des ſarmens qui ont crû ; & ce double effet n'eſt-il pas en pure perte, puiſqu'on doit retrancher enſuite ces ſarmens devenus inutiles ? Pourquoi occaſionner une dépenſe ſuperflue d'un ſuc auſſi utile que celui qui entretient la vigne ? Puiſqu'il eſt précieux, il faut le conſerver avec ſoin, ou du moins ne pas le diſſiper inutilement.

J'eſpère qu'on me diſpenſera de prouver ici cette vérité qui ſert de baſe au raiſonnement précédent, ſçavoir ; que dans tous les temps de l'année il y a de la ſéve dans les plantes. Dans toutes les ſaiſons les plantes vivent, dans toutes elles ſe nourriſſent. Ces effets ſont impoſſibles ſans l'exiſtence conſtante d'un ſuc vivifiant, d'un ſuc nourricier, mais ce ſuc n'eſt autre choſe que la ſéve elle-même. Qu'on enlève l'écorce d'un arbre, d'un cep de vigne, d'une plante quelconque, même au cœur de l'hiver, on verra auſſitôt de la manière la plus ſenſible ce ſuc dans les vaiſſeaux ſéveux de la plante. Qu'il y ait dans les plantes un mouvement de circulation ou d'ascension & de descension de la séve, peu importe ; c'est un de ces deux mouvemens qui existe, & ce mouvement, quel qu'il soit, a lieu dans les plantes tant qu'elles vivent, il ne cesse qu'à leur mort. C'est pendant ce mouvement que les molécules organiques s'assimilent à la substance des végétaux par une vraie intus-susception, c'est-à-dire, qu'elles se nourrissent.

A la vérité, pendant la saison rigoureuse, le mouvement du suc nourricier ou de la séve est moins fort, mais il existe. Sa force est moindre, parce que la force de succion qui existe dans les racines des végétaux n'est pas si grande que dans la belle saison, & cette force étant proportionnelle à la quantité de la transpiration des plantes, si cette dernière diminue, la première doit suivre le même rapport. Car l'expérience démontre que la force transpiratoire est égale à la força de succion des racines qui pompent dans la terre le fluide nutritif, & à celle de la surface inférieure des feuilles, couverte de pores inhalans qui absorbent l'humidité de l'air, & avec elle tous les principes nourrissans qui y sont dans un état de dissolution. On connoît les belles expériences que M. Halles a faites en Angleterre, je les rapporterois ici, & je me complairois à en orner ce Mémoire, si elles n'étoient aussi connues qu'elles le sont de tous les Savans.

S'il falloit démontrer ou confirmer ce que je viens de dire par de nouvelles expériences, je citerois celles que j'ai faites il y a quelque temps,

J'ai inféré quelques petites branches d'arbres ; c'étoient de petites branches du noyer de Cayenne (*justitia adhatoda. Linn. spec. plant. T. 2. p. 20.*) dans un vaiſſeau de verre ; elles furent maſtiquées à l'endroit qui répondoit à l'orifice du vaſe, & en les obſervant enſuite, j'apperçus dès le lendemain des vapeurs aqueuſes répandues dans l'intérieur du vaiſſeau, quoiqu'il fit froid, que le thermomètre fut à 2 degrés au-deſſus de zero, & que la nuit il eût un peu gelé. Ce vaſe ayant reſté en expérience pendant quelques jours, le phénomène fut répété, & je vis ſucceſſivement augmenter la quantité d'eau tranſpiratoire de la plante. Les plantes tranſpirent donc, même en hiver, quoique d'une manière moins ſenſible qu'en été : elles ont cela de commun avec les animaux mêmes dont la matière perſpiratoire eſt plus abondaute dans les chaleurs que pendant le froid. La force de ſuccion des plantes eſt donc réelle en hiver, car cette force ſuppoſe néceſſairement la tranſpiration, il y a entr'elles la plus grande connexion, & l'une ne peut exiſter ſans l'autre.

Mais, pour ne rien ſuppoſer ici, voici une expérience que j'ai faite. Déchauſſez d'un côté ſeulement un cep de vigne qui ſoit ſur un endroit élevé, & près du bord du terrein ; inférez une branche de la racine dans un tuyau de verre un peu alongé & fermé hermétiquement par le bout oppoſé. Qu'on l'ait empli auparavant d'eau & qu'on ait mis du bon maſtic à l'endroit de la jonction, alors vous obſerverez, comme je l'ai fait, que la force de ſuccion des racines exiſte réellement; qu'une partie de cette eau eſt réellement abſorbée par la racine; car il n'y a aucune voie ouverte à l'évaporation, n'y ayant nulle ouverture. Ces deux expériences neuves & relatives au ſujet me paroiſſent déciſives & capables de déterminer tout le monde à admettre la raiſon que j'ai propoſée.

Après la taille ou le retranchement de tous les ſarmens ſuperflus qu'on a fait en automne, le cep & les flèches qu'on y a laiſſées pour la recolte ſuivante ſont bien mieux nourris, puiſque la quantité de ſéve qui exiſte dans le corps de la plante, eſt uniquement employée à leur entretien, tandis que dans l'hypothèſe contraire, cette quantité auroit été partagée. Il en eſt de cet objet comme de celui des rejettons & des collatéraux qui pouſſent ſouvent au-tour du tronc des arbres & des arbuſtes. Si on en laiſſe pluſieurs, ils proſpéreront moins que ſi un ſeul ou un petit nombre ſubſiſtoit. Cette raiſon eſt une conſéquence directe & immédiate de la précédente, & le rapport de connexité eſt des plus néceſſaires.

Non-ſeulement le cep & les flèches seront mieux nourris lorſqu'on aura pratiqué la taille d'automne; mais ce qui eſt une ſuite de ce principe, les flèches ſeront plus fortes, & l'on ſait qu'un bois plus fort donne de meilleurs raiſins, que c'eſt de la force du bois que dépendent la groſſeur & la perfection de ce fruit. L'expérience prononce encore ici en faveur de la méthode générale que nous défendons. J'ai pris plusieurs branches de sarment coupées les unes dans une vigne qu'on tailloit ordinairement en automne, les autres dans la vigne d'un voisin qui faisoit pratiquer la taille au printemps, j'ai pris ces deux faisceaux ou paquets de sarmens retranchés du cep en hiver, dans le même temps, (on n'avoit pas fait à la dernière automne la taille de quelques ceps de la première vigne, exprès pour en faciliter l'expérience) je les ai examinés avec soin, je les ai comparés avec attention, & j'ai partout observé que les sarmens de la vigne qui étoit taillée habituellement en automne, étoient plus forts, plus denses, plus élastiques que ceux de la vigne taillée ordinairement en hiver. Ici tout est égal, on a eu soin de choisir parmi le nombre de sarmens, ceux qui de part & d'autre étoient d'un même diamètre, d'une longueur égale & d'une semblable qualité, ils ont été retranchés dans la même saison, dans le même jour, &c. tout le monde peut répéter cette preuve; & elle sera d'autant-plus sensible, que l'opération de la taille en automne aura été faite depuis un plus grand nombre d'années en examinant des sarmens tirés d'une vigne taillée en automne depuis un an, & comparés avec ceux d'une autre vigne taillée dans le printemps, la différence est moins sensible, & souvent n'est pas discernable.

J'ai été plus loin; j'ai placé sur deux points d'appui fixes, les extrémités de quelques sarmens de deux vignes dont j'ai parlé plus haut. Dans le milieu de ces branches que j'avois réduites à la longueur de huit pouces, j'ai mis par le moyen d'un crochet un bras de balance avec ses cordons, j'y ai placé successivement différens poids connus, & j'ai constamment observé que la courbure que prenoit chaque sarment étoit plus grande dans ceux de la vigne habituellement taillée dans le printemps, que dans ceux qu'on retranchoit du cep en automne: dans chaque expérience, il n'y avoit qu'un sarment éprouvé. Cette expérience répétée sur plusieurs sarmens des deux vignes, m'a donné le plus souvent les mêmes résultats; & si quelquefois il y a eu égalité dans les forces, c'est qu'on remarquoit, en bien examinant les choses, des différences étrangeres à la question dans une branche plutôt que dans une autre.

Tout est lié dans la nature, & lorsqu'on suit dans la recherche de la vérité les loix que la nature a établies, on a l'avantage de parcourir les anneaux d'une chaîne admirable; les considérations précédentes nous en fournissent d'autres qui en découlent nécessairement. Si on examine avec des yeux observateurs deux ceps dont l'un a été taillé en automne & l'autre au printemps, si on examine les bourgeons qu'on a laissé de part & d'autre aux flèches de chaque vigne, bourgeons qui doivent porter des fruits, on verra que ces bourgeons sont mieux nourris, plus fournis, plus substanciels, plus proches du développement dans les ceps taillés en automne, que dans ceux qui ne le sont qu'au printemps. On sait que la coutume est de ne laisser à chaque cep que deux ou trois flèches de la longueur d'un pouce, à chacune desquelles il y a ordinairement deux ou trois yeux ou bourgeons; ce sont ces deux ou trois bourgeons qu'il faut comparer de part & d'autre, ce sont ceux qui sont plus proches de la tête du cep. Alors tout est égal des deux côtés, & la comparaison peut très-bien se faire pour voir la différence que les deux méthodes apportent.

Cette observation présentera le même résultat, soit qu'on la fasse avant la taille, soit après la taille. On verra cet effet même avant la taille d'automne, car personne n'ignore que le bourgeon qui porte du fruit une année, étoit formé depuis l'année précédente, quelques mois même avant la vendange de cette année précédente. Le célèbre Grew a mis cette vérité hors de tout doute. On observera le même effet après la taille d'automne faite à une vigne, & comparée avec une vigne taillée au printemps en quelque temps que cette comparaison soit faite, depuis la naissance du bourgeon jusqu'à son développement parfait.

Les bourgeons d'une vigne taillée en automne, ne peuvent être par là même mieux nourris, plus formés, qu'ils ne soient conséquemment plus forts & plus capables de résister à l'intempérie & à la variation des saisons, à la rigueur des frimats, & à l'influence des météores; c'est donc encore un autre avantage que nous procure la taille d'automne, & cet avantage est de la plus grande importance; aussi, a-t-on souvent éprouvé que les vignes taillées en automne, résistoient mieux aux injures des saisons, que celles qui ne subissoient cette opération qu'au printemps.

Un bourgeon mieux formé est plutôt développé, parce qu'en se nourrissant mieux, il croît imperceptiblement dans la même proportion, qu'il se dispose progressivement à éclore, & que sa formation & sa perfection ont été graduelles, comme son développement sensible le sera dans la saison. Nous montrerons bientôt la grande utilité que procure ce nouvel effet, & nous ne suspendons cette considérations, que pour ne pas interrompre la filiation de nos idées. C'est ici où l'on remarquera encore plus parfaitement cet enchaînement de choses dont nous avons déjà parlé. Si le bourgeon est plutôt formé en employant la pratique que nous recommandons, la fleur de la vigne, les feuilles qui couvrent la plante, & les fruits qui en naîtront, seront aussi plutôt formés, plutôt développés, approcheront plutôt de leur perfection & de leur maturité, car toutes les opérations de la nature sont liées, leur marche est réglée, leurs rapports sont toujours les mêmes, & l'uniformité est constante comme le principe premier dont tous les êtres dépendent.

Je me contenterai de dire qu'ayant suivi les progrès annuels de l'accroissement des deux vignes voisines dont j'ai parlé, & dont l'une étoit taillée en automne, & l'autre au printemps, j'ai toujours observé que les feuilles, les fleurs & les fruits, paroissoient plutôt dans la première que dans la ſeconde. On peut répéter cette obſervation, & on ſera convaincu de l'évidence de cette aſſertion. Rien n'eſt plus facile que de vérifier ce fait; il n'en eſt pas de celui-là comme d'une infinité d'autres qui ſont plus compliqués, & dont les rapports ſont difficiles à ſaiſir. D'ailleurs, cette vérité eſt admiſe par tous ceux qui ont obſervé & qui ont écrit ſur la vigne.

De tout ce que nous venons d'établir, il réſulte néceſſairement que la maturité des raiſins eſt plus grande; car ſi la fleur & le fruit ſe montrent plutôt dans les vignes taillées en automne, que dans celles qui ne le ſont qu'au printemps; il eſt de toute néceſſité que le temps de la vendange étant le même pour les vignes d'un canton, ſoit qu'elles aient été taillées dans la première ſaiſon, ſoit qu'elles l'aient été dans la ſeconde, la maturation doit être plus parfaite d'un côté que de l'autre. Voici comment je le prouve. Pour la maturité des fruits & du raiſin, il faut une certaine ſomme de degrés de chaleur; ſi à cauſe de l'irrégularité des ſaiſons, des variations de la température & de la longueur des frimats, la chaleur a été moins grande chaque jour pendant une année que dans une autre, il eſt évident que l'époque marquée par la nature pour la maturité de chaque fruit, ſera plus retardée, que le développement ſucceſſif ſera plus lent; le premier terme de la formation ayant été plus tardif, celui de la maturité ou de la perfection arrivera auſſi plus tard. Une obſervation conſtante nous prouve chaque année cette vérité, les amandes, les prunes, les poires, les pommes; les cérises, &c. &c. &c. sont plutôt mûres quand l'année est plus chaude, elles mûrissent plus lentement lorsque les saisons sont plus froides, c'est-à-dire, quand la somme des degrés de chaleur nécessaire pour la maturation des fruits est plus grande ou plus petite dans une même époque; alors le temps fixé par la nature est plus ou moins hâtif. Voilà pourquoi les raisins mûrissent plutôt dans certaines années que dans d'autres, & que la vendange se fait plutôt dans un pays que dans un autre, & dans le même pays selon que la somme des degrés de chaleur est plutôt parvenue au temps fixé par la nature. Un coup d'œil sur le tableau suvant, le prouvera; il est fait par le P. Cotte, pour le climat des environs de Paris.

Temps de la maturité des Vignes.

Années.	1741	22 Septembre.	1756	6 Octobre.
	1742	29 Septembre.	1757	27 Septembre.
	1743	1 Octobre.	1758	18 Septembre.
	1744	5 Octobre.	1759	20 Septembre.
	1745	10 Octobre.	1760	18 Septembre.
	1746	28 Septembre.	1761	22 Septembre.
	1747	29 Septembre.	1762	20 Septembre.
	1748	1 Octobre.	1763	5 Octobre.
	1749	24 Septembre.	1764	21 Septembre.
	1750	26 Septembre.	1765	21 Septembre.
	1751	6 Octobre.	1766	28 Septembre.
	1752	1 Octobre.	1767	19 Octobre.
	1753	20 Septembre.	1768	6 Octobre.
	1754	2 Octobre.	1769	2 Octobre.
	1755	15 Septembre.	1770	15 Octobre.

Si, en supposant la taille faite en automne, le raisin qui paroîtra l'année suivante eſt né plutôt , eſt cueilli à la même époque que celui de la vigne taillée au printemps , n'eſt-il pas évident que le raiſin de la première vigne aura été plus long-temps expoſé à la chaleur , conſéquemment qu'il aura acquis une plus grande maturité , ce qui donnera un vin meilleur & d'une qualité ſupérieure. La chaleur & la maturité ſont les deux grands principes d'où réſultent les bons vins. Cette liqueur délicieuſe ne l'eſt jamais davantage que dans les années chaudes , comme le ſavent tous les Ænologiſtes , & tous ceux qui obſervent la Nature & la marche des ſaiſons ; elle ne l'eſt jamais davantage que dans les Pays chauds. Car perſonne n'ignore que dans les climats ſeptentrionaux , le raiſin y eſt toujours un peu verd , qu'il n'y mûrit jamais parfaitement ; que le contraire arrive dans les Contrées méridionales où la chaleur eſt plus forte , ou du moins plus longue , ce qui revient au même quant à l'effet dont je parle , c'eſt-à-dire , quant à la ſomme des degrés de chaleur qui eſt la cauſe de la maturité des raiſins & de la perfection du vin.

Je n'ignore pas , à la vérité , que ſi le climat étoit très-chaud , la vigne ne pourroit pas y proſpérer , comme on l'a obſervé dans certaines Régions de l'Inde & du Nouveau Monde , où tous les efforts des Agriculteurs ont été inutiles , comme je l'ai appris de pluſieurs illuſtres Voyageurs que j'ai eu l'avantage de connoître. Je ne parle point de ces Pays qui enfantent d'autres productions qui nous ſont étrangères. Il ne faut point pour la vigne des chaleurs ni des froids extrêmes , elle y périroit indubitablement. Il faut pour cette plante une température moyenne ; mais cette température moyenne a des limites & une certaine latitude dans laquelle sont renfermés les divers degrés de maturation des fruits, & la perfection plus ou moins grande des liqueurs que l'art en fait tirer. Il en est de la vigne comme du blé ; cette dernière plante ne réussit pas par-tout. Et pour ne citer ici qu'un climat, j'assurerai que le blé ne vient pas à bien dans les Isles de Bourbon & de Maurice. A cette latitude, le blé est hors des limites que la Nature lui a imposées, & cette barrière ne s'étend guère au delà des tropiques.

Par quels moyens est-ce qu'on fait du si bon vin dans quelques Pays ? On a soin de vendanger plus tard, c'est-à-dire, de laisser les raisins plus long-temps exposés à la chaleur du soleil ; ce moyen est bien simple, & on peut assurer que rien n'est plus efficace. Plusieurs Ænologistes bien instruits ajoutent encore à cette pratique celle de tordre la queue de chaque grappe de raisin, alors le raisin perd la surabondance de la liqueur aqueuse qui étoit contenue dans chaque grain, le muqueux doux si nécessaire à la perfection du vin étant étendu dans une moindre quantité d'eau, fermente mieux & plutôt ; il est plus élaboré, la décomposition des matériaux de la liqueur est plus parfaite, & la récomposition qui doit lui succéder est plus complette. Si ces moyens sont si efficaces & procurent tant d'avantages, la méthode de la taille d'automne qui est cause que les raisins éprouvent une plus grande ſomme de chaleur, doit être de la même utilité & produire des effets ſemblables.

L'expérience confirme ce raiſonnement entièrement fondé en obſervations conſtantes, c'eſt-à-dire en expériences plus ſûres encore que celles qui ne ſont faites que dans les bornes étroites d'un cabinet. Le vin recueilli d'une vigne taillée en automne eſt toujours meilleur, eſt d'une qualité ſupérieure, & ſur-tout plus durable. Cet avantage eſt ſans contredit le plus grand, puiſque le but de la culture de la vigne n'eſt que le vin de meilleure qualité qu'on ſe propoſe d'avoir. C'eſt-là la fin où doivent tendre tous les travaux des Agriculteurs, & toutes les recherches des Savans qui ſont faites pour les éclairer.

Si le vin, dans la méthode que nous tâchons d'établir, eſt meilleur, & d'une bonne conſervation, on peut auſſi être aſſuré que ſa quantité eſt plus grande. Une vigne taillée en automne donne plus de fruits que celle qui eſt taillée dans le printemps. Qu'on prenne deux vignes voiſines & égales en grandeur, ou ſi elles ſont inégales, qu'on mette à part la vendange d'un égal nombre de ceps de part & d'autre, & l'on verra que le produit de l'une l'emportera ſur celui de l'autre, qu'on retirera plus de tonneaux de vin, toutes choſes étant ſuppoſées égales, telles que les eſpèces de vignes, les âges, l'expoſition, le climat & toutes les cauſes qui influenr ordinairement ſur cette plante. Cet effet, je veux dire, l'abondance de vin, réſulte néceſſairement des principes d'expérience que nous avons établis juſqu'ici jusqu'ici. Une vigne ne peut donner un bois plus fort & plus vigoureux, des bourgeons mieux formés & plutôt developpés, des fruits plus abondants & mieux nourris, plus mûrs, plus gros, plus succulens, que la quantité de vin ne soit plus grande. Mais cet avantage étant supposé n'avoir pas lieu, n'en seroit-on pas dédommagé par la qualité du vin qui seroit incontestablement supérieure.

Il est un article que nous avons différé jusqu'à présent de traiter pour ne point interrompre la chaîne de nos preuves, & qui est de la plus grande importance. Personne n'ignore que chaque année il y a un temps marqué par la Nature pour l'écoulement des pleurs de la vigne. Ces pleurs ne sont autre chose que la séve qui s'écoule ; cette séve est plus abondante dans une saison que dans l'autre ; c'est-à-dire, dans le printemps que dans l'hiver ; elle l'est plus en été que dans le printemps. Si elle paroît plus abontante dans le printemps que dans la saison des chaleurs, où la force de succion est plus grande, cette simple apparence, capable de tromper ceux qui ne sont pas Observateurs, vient uniquement de ce que la transpiration de la vigne, en été, est incomparablement plus grande que celle qui a lieu dans le printemps, & cette transpiration continuelle dissipant la surabondance de la liqueur séveuse d'une manière insensible, on ne doit point voir d'écoulement sensible de la séve.

Eh ! qu'on ne croie pas que la transpiration des plantes soit peu de chose ? On trouvera dans la *Statique des végétaux*, une infinité de belles expériences propres à éclaircir cette matière. Une de ces plantes si connues sous le nom de soleil, & si communes dans tous les jardins & parterres, fournit par la transpiration une quantité d'eau de 1 livre 14 onces, seulement pendant douze heures d'un jour fort sec & fort chaud ; la transpiration, pendant une nuit chaude, séche & sans rosée sensible, est d'environ trois onces. En ne comptant que 20 onces d'eau perspiratoire pour la quantité moyenne qui pendant 12 heures de jour, est exhalée du corps de cette plante, nous aurons 34 pouces cubiques, puisque 1 pouce cubique d'eau pese 254 grains. Cette somme étant divisée par le nombre 2286 pouces quarrés, qui exprime la surface des racines de cette plante, évaluée ainsi d'après des mesures moyennes, on aura $\frac{34}{2286}$ ou $\frac{1}{67}$ pour la hauteur du solide d'eau tirée par toute la surface des racines. La superficie de la plante hors de terre étant de 5616 pouces quarrés, je divise de même par ce nombre les 34 pouces cubiques, & j'ai 34 ou $\frac{1}{165}$ pour la hauteur du solide d'eau transpirée par toute la surface de la plante hors de terre. De-là, la vîtesse avec laquelle l'eau entre par la surface des racines pour fournir à la transpiration, est à la vîtesse avec laquelle se fait cette transpiration, comme 165 sont à 67, ou comme $\frac{1}{67}$ est à $\frac{1}{165}$, à peu-près comme 5 sont à 2.

L'aire des	feuilles,	étant de	5616	—
	racines,		2286	
	tige,		1	

Les vîtesses seront	$\frac{1}{5616}$	ou	$\frac{1}{165}$	de pouc
	$\frac{1}{2286}$		$\frac{1}{67}$	
	1		34	pouc.

La plus grande tranſpiration d'un cep de vigne dans le mois d'Août, en douze heures de temps, eſt ordinairement de 6 onces 244 grains, la tranſpiration moyenne eſt de 5 onces 240 grains, ou de $9\frac{1}{2}$ pouces cubiques. On peut évaluer la ſurface des feuilles dans ce temps à 1820 pouces quarrés, ou bien 12 pieds 92 pouces quarrés: le ſolide d'eau tranſpiré par la vigne en 12 heures de jour ſera donc $\frac{9\frac{1}{2}}{1820} = \frac{1}{191}$ de pouce. Mais l'aire de la coupe tranſverſale de la tige pouvant être regardée comme de $\frac{1}{4}$ de pouce, la vîteſſe de la ſéve dans la tige ſera à la vîteſſe de la ſéve à la ſurface des feuilles, comme 1820×4, ou comme 7280 ſont à 1. La vîteſſe réelle du mouvement de la féve dans la tige fera donc $\frac{7281}{191}$ ou 38 de pouces environ.

La féve fi précieufe pour l'entretien de la vie des plantes, doit certainement être le plus confervée qu'il foit poffible de le faire, ou au moins ne doit-elle pas être inutilement diffipée, ce qui ne pourroit avoir lieu, fans que les plantes en fouffriffent beaucoup ; car elles feroient alors dans le cas des animaux qu'on priveroit d'une partie du chyle, en le faifant découler par les veines lactées hors de la fubftance même de l'animal. Mais il eft de fait que l'écoulement de la féve de la vigne, ou les pleurs de la vigne, ce qui eft la même chofe, font beaucoup plus abondantes lorfque la taille du cep eft plus récente. Si la taille eft faite depuis très-peu de temps, l'écoulement des pleurs fera fort grand ; fi l'époque de la taille eft plus éloignée de la faifon des pleurs, la quantité de celles-ci fera moindre ; cette diminution, en un mot, fera d'autant plus grande que le temps de la taille fera plus éloigné de la faifon des pleurs de la vigne. Mais l'écoulement de la féve ou du fluide nourricier de la vigne ne peut être plus abondant & plus long que le cep ne foit plus affoibli & plus épuifé, comme cela eft évident. D'après ces principes, il eft facile de conclure que la taille étant indifpenfable, ainfi que nous l'avons établi au commencement de ce Mémoire, celle qui fe pratique en automne étant plus éloignée de la faifon des pleurs que celle du printemps, la quantité des pleurs qui s'écoule dans le premier cas, eft plus petite que celle qui s'écoule dans le ſecond, & par conſéquent la plante en eſt moins épuiſée & affoiblie. Il n'eſt pas douteux que la ſéve n'eſt pas de l'eau pure, mais un vrai fluide nutritif; car il eſt prouvé par l'analyſe chymique, qu'elle eſt chargée de parties mucilagineuſes, ſalines & extractives, qu'elle eſt propre à ſubir la fermentation ſpiritueuſe, & que par l'évaporation elle fournit un extrait muqueux dont on peut ſéparer une partie ſaline.

L'expérience décide hautement cette queſtion; & il n'eſt aucun Agriculteur qui n'ait obſervé lui-même que les vignes taillées dans le printemps, fourniſſent une plus grande quantité de pleurs, que celles qui ſont taillées en automne. C'eſt un fait conſtant que tous les Agronomes peuvent certifier. En effet, rien n'eſt plus naturel; moins le temps où une plaie a été faite eſt éloigné, plus la plaie doit verſer de fluide lymphatique, ou nourricier; plus il eſt éloigné, moins grand au contraire doit être cet écoulement. Cette plaie eſt d'autant moins cicatriſée qu'elle eſt plus récente; elle l'eſt d'autant plus qu'elle eſt ancienne. Les lèvres & les bords de la plaie ſont plus grands quand la bleſſure eſt nouvelle; le diamètre de l'ouverture diminue quand la guériſon eſt plus avancée, & l'analogie qu'on obſerve entre les plantes & les animaux eſt parfaite lorſqu'il s'agit de cette matière.

Prenez des vaſes alongés & étroits, inſérez-y des flèches de ſarment tenant au cep, après que la taille aura été faite à différentes époques, que le bout des branches ſoit maſtiqué avec le goulot du vaiſſeau (le maſtic doit être fait avec de la cire, de la térébenthine & très peu de cendre), on verra que les quantités d'eau qui couleront dans les vaiſſeaux, ſeront en raiſon inverſe du temps où la taille a été faite. J'ai quelquefois meſuré ces quantités, d'autres fois je les ai peſées, & toujours j'ai obſervé la loi de la raiſon inverſe dont je viens de parler. C'eſt dans un autre ouvrage ſur ce ſujet, qu'on verra le détail de mes expériences, qui paſſeroit ici les bornes preſcrites à un Mémoire.

Un des avantages les plus importans que procure notre pratique, & qui eſt une ſuite des précédens, c'eſt que la durée des ceps de vigne eſt plus grande lorſqu'on taille en automne. Il ſuffit, pour en être convaincu, de ſe rappeller ce que nous avons prouvé, que la taille du printemps épuiſe & affoiblit la vigne, en occaſionnant une plus grande déperdition de pleurs, c'eſt-à-dire, de ſéve & de fluide nourricier, que le bois eſt moins fort, les fruits moins beaux, moins ſucculens, moins nombreux, &c. Mais la durée de la vigne eſt un objet du plus grand intérêt, puiſqu'elle retarde les dépenſes néceſſaires pour ſe procurer une nouvelle vigne, & qu'une vigne nouvellement plantée ne peut donner du bon vin qu'au bout d'un certain nombre d'années.

Si on doutoit de la foibleſſe & de l'épuiſement qu'une trop grande abondance de pleurs peut cauſer à la vigne, il ſuffiroit de faire même la plus légère attention aux expériences ſuivantes que nous préſente encore la *Statique des végétaux.*

Un cep de vigne âgé de quatre ou cinq ans, & d'un quart de pouce de diamètre, ayant été coupé à 7 pouces au-dessus de terre, & un tuyau de verre de 25 pieds de hauteur y ayant été fixé & mastiqué, on a vu la séve dans le temps de l'abondance des pleurs, s'élever quelquefois à raison de 1 pouce en trois minutes, & à plus de 10 pieds en un jour. Dans la même saison des pleurs, un autre cep ayant été coupé à 2 pieds 9 pouces de terre, & le chicot sans aucun rameau étant de $\frac{7}{8}$ de pouce de diamètre. On lui fixa une jauge de verre dont la figure ressembloit à une ∽ horisontalement placée, & dans laquelle du mercure fut versé. La force de la séve qu'on observa avec attention fut si grande, qu'elle éleva le mercure à 38 pouces, ce qui revient à 43 pieds 3 pouces $\frac{1}{3}$ d'eau. Cette force est environ cinq fois plus grande que la force du sang dans la grande artère crurale d'un cheval, sept fois plus grande que la force du sang dans la même artère d'un chien, & huit fois plus grande que la force du sang dans la même artère d'un daim.

Dans une autre expérience également faite au commencement de la saison des pleurs, sur un sarment vigoureux de deux ans, coupé à 2 pieds de terre, & auquel on avoit fixé un tuyau de 25 pieds de longueur, on observa la séve monter avec tant de force, qu'au bout de deux heures elle s'en alloit par dessus le sommet du tuyau. Sans aucun doute, la séve auroit encore monté plus haut, si on avoit adapté un plus long tube à la branche.

Il eſt donc certain que la trop grande abondance de pleurs qui s'écoulent de la vigne, affoiblit le cep, épuiſe ſes rameaux & rend ſes productions moins bonnes. Ecoutons un habile Ænologiſte dont le témoignage eſt conforme aux principes que nous avons établis. M. Bidet compte dans le nombre des maladies de la vigne la trop abondante effuſion de la ſéve hors du bois. (T. 1. de ſon Ouvr. p. 492.) Les effets trop ſenſibles annoncent cette perte de ſéve, car alors on voit la vigne languir & les feuilles ſe faner enſuite. Et plus haut ce même Agriculteur dit : « Comme » le bouton à fruit ſe forme pour l'an ſuivant, » en Juin ou Juillet, il faut que le Vigneron » faſſe attention que la vigne ſoit rognée, pour » la première fois, auparavant, afin d'arrêter la » ſéve & que le bouton croiſſe mieux. » Ibid. pag. 483. Je pourrois très-facilement rapporter ici d'autres autorités, ſi cet article étoit du genre de ceux qu'on peut conteſter.

Je ne crois pas qu'il ſoit poſſible d'établir une vérité par un plus grand nombre de preuves que nous l'avons fait, en démontrant par des raiſons tirées de la nature même des choſes, des obſervations & des expériences les plus ſatisfaiſantes, qu'*en général* la taille de la vigne doit être faite en automne plutôt que dans le printemps.

Ce point eſſentiel étant établi, examinons en ſuivant, autant que cela ſera poſſible, le même procédé dans la ſeconde conſidération qui nous reſte à traiter, & faiſons tous nos efforts pour voir ſi la pratique de tailler les vignes que la

Nature

Nature nous indique en général, doit être universellement appliquée à tous les climats & à toutes les situations des divers vignobles. Puisque nous avons établi une vérité essentielle, importante & générale, il nous reste à examiner si elle est applicable à tous les cas, ou s'il y a des exceptions.

Quel est donc le temps le plus propre pour traiter la vigne relativement à la différence des climats & à la situation des vignobles ? Il est évident que par le mot de diversité des climats, on n'entend ici que la différence qu'il y a dans la température habituelle des Pays divers dans lesquels on cultive la vigne ; c'est de cette manière qu'il faut envisager la question, & abandonner toute autre considération étrangère. Car dire que les climats sont des espaces qui se trouvent parallèles au tour du globe terrestre, depuis l'équateur jusqu'aux poles dans chaque hémisphère, qu'on compte vingt-quatre de ces climats depuis l'équateur jusqu'au soixante-sixième degré de latitude, tant septentrionale que méridionale, évalués à une demi-heure, & qu'après le soixante-sixième degré de latitude, les jours sont d'un mois & augmentent toujours jusqu'au quatre-vingt-dixième degré où ils sont de six mois ; rappeller tout cela, ce n'est pas entrer dans les vues de la question.

On ne doit donc entendre ici, par différence des climats, que la différence des températures moyennes & habituelles des Pays divers dans lesquels la vigne est cultivée. L'observation prouve qu'il n'y a pas de vignes dans toute l'étendue de la ſurface de la terre ; la plupart des contrées ſont habituellement ou trop chaudes ou trop froides. Comme il y a des plantes qui ne croiſſent que parmi les frimats & ſous les glaces des Régions polaires, il y en a d'autres qui ne peuvent naître que ſous les feux dévorans de la Zone torride ; de même auſſi il y en a quelques-unes qui ne peuvent réuſſir & proſpérer que dans les climats tempérés ; de ce nombre eſt la vigne. La queſtion propoſée doit donc être réduite à ces derniers climats. Mais les contrées qui paſſent pour être tempérées comme le climat de la France, ne ſont pas propres dans toutes leurs parties à la culture de cette plante : *non omnis fert omnia tellus*. La Normandie, par exemple, où l'on recueille beaucoup de pommes pour en faire du cidre, n'eſt pas propre à la vigne. Si cela étoit, les induſtrieux Normands n'auroient pas manqué de l'y naturaliſer & de l'y multiplier comme on l'a fait ailleurs. Il en eſt de même de la Flandre & de quelques autres Provinces. Notre queſtion eſt donc encore renfermée dans des limites plus étroites ; limites qui ne dépendent pas des limites géographiques, car il y a des contrées dont la latitude eſt la même abſolument, qui ſont ſous le même parallèle que d'autres, & qui cependant ſe refuſent abſolument à la culture de la vigne à laquelle ces dernières ſont propres. On doit en dire autant, & à plus forte raiſon, de la longitude. Je vais plus loin, & je dis que les mêmes Pays ne ſont pas toujours également propres à la culture de ce précieux arbuſte. Entre pluſieurs preuves, j'en prends une au haſard dans une des lettres que m'écrit un Savant avec qui je ſuis en correſpondance. « Il n'y a point de » vignobles dans la Province d'Artois, les vignes » qui y croiſſent ſont en eſpalier. Les raiſins » qu'elles donnent ne mûriſſent que dans les » bonnes années, le fruit ſe mange ordinaire- » ment le 25 d'Août, mais il n'eſt jamais aſſez » mûr pour en faire du vin. Il paroît cependant » par d'anciens titres du Chapitre de la Cathé- » drale d'Arras, qu'il y a eu autrefois des vigno- » bles dans les environs de cette Ville. La dimi- » nution de chaleur, ou toute autre cauſe, aura » ſans doute fait abandonner cette culture. Les » vignobles les plus voiſins d'Arras ſont ceux de » Beauvais. »

C'eſt par l'expérience qu'il faut chercher à reconnoître ſi un Pays eſt propre ou non à la culture de la vigne, ſoit qu'il ait été autrefois propre ou non à ce genre de culture, parce que l'expérience eſt la règle la plus ſûre & le flambeau le plus néceſſaire pour ſe conduire dans les recherches de la nature de celles que nous examinons. Il eſt bien ſûr que le degré de chaleur d'un climat, eſt néceſſaire au ſuccès de la vigne; ce degré de chaleur dépend de deux cauſes générales, & de la diſtance de l'équateur, & de l'abaiſſement des lieux, toutes choſes égales d'ailleurs. La raiſon de l'éloignement de l'équateur eſt évidente & ſe préſente à tout le monde; celle de l'abaiſſement ne l'eſt pas moins; car ſi un lieu est trop élevé, fût-il même sous la ligne équinoxiale, comme le sommet des Cordilières, il seroit couvert de neige ou de glace. Cependant ces deux causes, quoique principales & générales, ne suffisent pas, comme nous l'avons dit, parce qu'elles sont modifiées par une infinité d'autres, la nature de la terre, la sécheresse ou l'humidité, les vents, &c. tout cela concourt à l'effet dont nous parlons; c'est pourquoi nous nous en occuperons; aussi la question proposée comprend-elle ce qui regarde le climat & la situation.

Par climats, nous avons dit qu'il falloit entendre la température qui règne habituellement dans divers lieux; cette température est ou chaude ou froide (la chaleur & la froidure étant supposées comprises dans les limites où croît la vigne.) L'une & l'autre sont ou sèches ou humides, ce qui dépend de la situation des vignobles qui sont ou sur des côteaux ou dans des basfonds. On connoîtra facilement la température d'un lieu par les observations faites dans cet endroit au moyen du thermomètre, non seulement pendant une année, mais encore au moins pendant l'espace de dix ans, afin de connoître la chaleur moyenne qui règne dans ce lieu, & qui est plus ou moins grande dans un endroit que dans un autre.

Ce principe supposé, si un Pays peut être regardé comme chaud & qu'il n'y fasse pas froid en hiver, ou du moins très-peu froid, ce qui revient à peu-près au même, on taillera la vigne en automne, parce que toutes les raiſons tirées de la nature des choſes & déduites dans la première partie, le prouvent évidemment, & que de plus il n'y a aucune raiſon particulière qui s'oppoſe à cette pratique dans le lieu pour lequel nous la propoſons. Si le Pays eſt réputé froid, & réellement aſſez froid pour ne pas pouvoir être rapporté à l'eſpèce du climat dont nous venons de parler, alors la taille étant ſuppoſée la même & de la même manière (exception dont on ſentira la néceſſité vers la fin de ce Mémoire où l'ordre des choſes nous oblige de renvoyer cette conſidération) il faut différer la taille juſqu'au printemps, parce que dans des climats froids, l'hiver eſt long, & que ſes rigueurs ſe faiſant ſentir long-temps, produiroient les plus terribles effets ſur la vigne.

Pour mieux comprendre la force de cette raiſon, il eſt néceſſaire de nous arrêter un moment à la conſidération de la nature de la plante dont nous parlons. Le bois de la vigne eſt un des plus poreux & conſéquemment un des plus légers, auſſi eſt-il fort tendre, & ſon écorce des plus déliées. La ſéve, au lieu de paſſer en grande abondance entre le bois de la vigne & ſon écorce, comme cela arrive dans les arbres & la plupart des arbuſtes, ſe répand au travers de la ſubſtance même de ce bois, & coule par toutes les parties des tiges & des branches. Cette vérité, fondée ſur l'anatomie végétale de cette plante, eſt très certaine; on n'a qu'à examiner ce que nous venons de dire, & on verra par ſoi-même, ce fait étant du reſſort des yeux, que telle eſt l'organiſation du bois de la vigne. En obſervant la vigne dans le temps des pleurs, on en ſera également convaincu par des effets très-ſenſibles. L'opération de la greffe pratiquée ſur la vigne, nous confirmera encore cette vérité, car on a obſervé depuis long-temps que la vigne ſeule ſe greffe ſans ſujétion de la rencontre d'écorce, &c. Or, le froid, lorſqu'il eſt ſuppoſé conſidérable dans un Pays, peut beaucoup nuire à un bois dont l'écorce eſt fine, qui lui-même eſt très-tendre, très-poreux, ſur-tout lorſque la moelle qu'il renferme eſt abondante & d'un fort grand volume : telle eſt la vigne. Si donc on taille cette plante avant les frimats, lorſqu'ils ſurviendront, ils attaqueront la moelle, cette partie ſi délicate & ſi ſenſible qui paroît n'être qu'un amas du tiſſu cellulaire ; ils l'attaqueront avec le plus grand avantage ; étoit-ce en vain que la Nature l'avoit renfermée dans le cœur d'une ſubſtance ligneuſe, recouverte encore d'une écorce qui recouvroit le tout. En taillant la vigne dans cette ſaiſon rigoureuſe, ou avant qu'elle commence, ne ſeroit-ce pas enlever à la moelle de cette plante, l'abri que la Nature lui avoit donné ? Ne ſeroit-ce pas ouvrir la porte à l'ennemi, & préſenter ſans vêtemens & ſans défenſe un être délicat & ſenſible ? Ne ſeroit-ce pas contrarier la fin de la Nature & ſes loix ? Car on ne peut ſe diſſimuler que la plaie faite à la plante qu'on a taillée, ne ſe refermera que difficilement ; que les lèvres de la bleſſure ne ſe reprendront & ne ſe ressouderont qu'avec peine, si on peut se servir de cette expression. Cette moelle si utile dans l'économie végétale sera desséchée, brûlée ou gelée par le froid; le tissu de ce bois poreux qui est si fragile, sera fendu, gercé, déchiré & détruit; ses vaisseaux lymphatiques, ses utricules, ses vases propres, ses fibres, tout sera altéré, rompu, brisé, & pour ainsi dire anéanti. Ces pernicieux effets n'auroient pas eu lieu si la taille avoit été retardée jusqu'après le temps des gelées, parce que les dommages dont nous venons de parler n'ont été faits qu'à cause de la coupe du bois, & ne se sont introduits que par l'ouverture qu'un art funeste auroit formée.

Le mal dont nous venons de parler est nécessairement joint avec un autre qui est encore bien plus grand; & on peut dire que le premier cesseroit d'en être un, si le second n'avoit pas lieu. Les bourgeons ou boutons de la vigne, déjà formés depuis un an, qui sont l'espoir de l'Agriculteur, & que nous devons considérer comme un fétus tendre & délicat, seroient bientôt attaqués jusques dans le sein où ils ont pris naissance. Le froid, en s'insinuant par cette ouverture qu'on auroit si mal-adroitement pratiquée, en altérant la moelle à laquelle ils communiquent, les étoufferoit dans leur principe, & feroit avorter tous les germes producteurs qui y seroient contenus. Ce seroit donc inutilement que la Nature auroit couvert chaque bourgeon de plusieurs espèces d'écailles, & par-dessous d'une espèce de bourre pour le défendre des rigueurs du froid, puisqu'un Agriculteur routinier & barbare leur ménageroit une entrée facile pour détruire avec le plus grand avantage l'ouvrage de la Nature elle-même, & rendre inutiles ses soins les plus industrieux.

Le danger est encore plus considérable qu'on ne le penseroit d'abord, parce que, comme nous l'avons prouvé plus haut, la taille d'automne accélérant le développement des bourgeons & la pousse des raisins, les bourgeons ou boutons étant plus développés (*) dans un temps donné, que ceux des vignes qui n'auroient pas été ainsi taillées, ces bourgeons par-là même qu'ils seroient plus développés, seroient moins repliés sous leurs espèces d'écailles, sous leur enveloppe naturelle, sous la fourrure, sous la bourre, sous le duvet que la Nature leur a ménagé, & dans cet état ils seroient plutôt exposés au danger de périr, ils seroient alors d'autant plutôt détruits que l'invasion du mal se feroit par deux routes opposées, par la voie extérieure & par le chemin couvert que la taille auroit pratiqué du côté de la moelle. De ces funestes effets résulteroit donc au moins une mauvaise vendange, & d'autant plus mauvaise que le froid seroit plus considérable;

(*) On ne parle ici que d'un commencement de développement, de quelques nuances d'un accroissement progressif & graduel qui, pour n'être pas trop sensible à la vue de tout le monde, n'en est pas moins sensible.

dérable ; effets qu'on auroit évidemment prévenus dans les climats dont nous parlons, si on n'avoit taillé qu'en automne, puisque, selon l'hypothèse, le froid étoit supposé assez grand pour faire les ravages que nous avons décrits ; car si le froid habituel & moyen n'est pas capable de produire ces effets, il est évident que ce climat n'est plus le même que nous avons supposé, & qu'on a changé la thèse.

La considération de la situation des vignobles doit être liée nécessairement à celle de la différence des climats ; & c'est avec beaucoup de raison qu'on les exige l'une & l'autre dans l'énoncé de la question. En effet, le climat peut être regardé comme une position générale, & la situation comme une position particulière sur le globe ; cette dernière est encore plus essentielle que la première, elle seule pourroit peut-être suffire, & on ne peut en dire autant de celle qui est générale. Dans la situation particulière d'un pays, on doit faire entrer tout ce qui a rapport à l'élévation du lieu, à ses montagnes plus ou moins hautes, à ses rivières plus ou moins nombreuses, plus ou moins considérables, à ses étangs, à ses forêts, à la nature de son sol, & à d'autres circonstances locales de ce genre. Ces causes réunies ou séparées, produisent un effet général qui est plus ou moins grand, & qui a une influence considérable sur la vigne, je veux parler de la sécheresse ou de l'humidité qui règne habituellement dans un pays. Cette cause peut être plus puissante & plus des-

-tructive que celle d'un froid rigoureux, & il est prouvé par les observations les plus multipliées & les plus certaines, qu'une gelée ordinaire qui survient après un temps humide, est toujours plus nuisible qu'une forte gelée qui auroit lieu dans un temps sec.

Une observation mémorable, & qu'on n'oubliera pas de long-temps, prouve cette vérité de la manière la plus péremptoire. Tout le monde sait que le froid de 1709 a été très-considérable; ce ne fut point la rigueur de ce froid qui fit périr les oliviers & les autres arbres qui moururent; ils résistèrent très-bien à l'intensité de ce froid; ce fut un degré de froid moins grand qui survint ensuite après un faux dégel, & l'humidité qu'il y eut alors, qui produisit les ravages terribles dont l'Agronomie s'est long-temps ressentie. Voici ce que dit un Physicien dans un ouvrage imprimé il y a quelques années: « La plupart des personnes pensent que le vent du nord gâte les jeunes bois-taillis & les arbres fruitiers qui y sont exposés, mais elles sont dans l'erreur, les bois-taillis & les arbres ont plus à craindre à l'exposition du midi qu'à celle du nord; il est vrai que la terre est plus souvent gelée au nord qu'au midi, & qu'ainsi il fait plus froid au nord; mais la gelée étant plus nuisible aux plantes lorsque la terre est plus humide, doit faire nécessairement plus de désordre au midi. Nous l'éprouvâmes en 1759 au mois d'Avril; il y eut une gelée un peu forte, la saison étoit avancée; les noyers qui étoient sur les bords des rivières ou dans des endroits humides, gelèrent presque tous, ceux des lieux plus élevés furent moins frappés. Les bourgeons des jeunes vignes furent brûlés, la séve y étoit très-abondante; les vignes anciennes nouvellement fumées, souffrirent plus que les autres. Les bourgeons des bois-taillis étoient noirs & gelés au midi, au lieu que ceux qui avoient une exposition contraire, furent légèrement endommagés. D'après ces faits très-sûrs & connus généralement, dont il seroit facile d'augmenter le nombre, on doit conclure que l'humidité qui règne habituellement dans un pays froid, est plus nuisible aux plantes & surtout à la vigne, que le simple froid, quand il seroit plus grand.

Si indépendamment de l'observation, on vouloit des preuves tirées de la physique, nous ne serions pas en peine d'en donner, & nous montrerions avec la plus grande facilité, 1°. Que lorsque la gelée suit un temps humide, elle gele l'eau qui formoit cette humidité; & 2°. Que l'eau ainsi gelée & dont le volume est augmenté dans l'état de congélation, que cette eau devenue corps solide, & dont les dimensions sont plus grandes, déchire nécessairement les fibres, les trachées, les utricules, & les autres vaisseaux des plantes, & les fait périr sans retour. Je pense qu'on ne me contestera pas que la glace ait assez de force pour déchirer & briser le tissu des corps des végétaux, car personne n'ignore que les vases de terre, de verre, de bois, &c. qui contiennent de l'eau dans le temps d'une gelée, ſont briſés & rompus. Boyle nous atteſte que de la glace qui s'étoit formée dans un tube de cuivre large de trois pouces avoit élevé un poids de ſoixante-quatorze livres. *Hiſt. Frigoris*, *tit.* 10. Le célèbre Hughens a obſervé qu'un canon de fer rempli d'eau & fermé exactement, éclata avec bruit & ſe fendit : Duhamel, Hiſt. Acad. Reg. lib. 1. §. 2. chap. 1. Les Académiciens de Florence remplirent d'eau une ſphère creuſe de cuivre, & l'expoſèrent à la gelée, qui enfin la fit rompre. L'épaiſſeur du métal étoit égale à $\frac{67}{100}$ de pouce & ſa fermeté fut trouvée $= 22893$ livres. Mais la force d'un pouce ſphèrique de glace qui agit en toute ſorte de ſens, eſt une fois plus grande, car cette force eſt à l'effort avec lequel la glace tend à diviſer le métal, comme le rayon multiplié par la périphèrie du cercle eſt à l'aire du cercle, ou comme 2 : 1. Or, la fermeté d'un morceau de cuivre d'un demi pouce quarré d'épaiſſeur, égale 12750. Donc, $\overline{50}^2 : 12750 :: \overline{67}^2 : 22893$; car les fermetés dans cette occaſion ſont comme les quarrés des épaiſſeurs, dit Muſchenbroek.

Lorſque des vignobles ſont dans des ſituations humides & froides habituellement, il ne faut donc pas tailler la vigne dans l'automne ou dans l'hiver. Toutes les raiſons données pour le climat froid, & que nous avons rapportées plus haut, militent ici, & encore avec d'autant-plus de force, que le danger eſt plus grand & les ravages plus conſidérables ; car les bords de la plaie ou de la taille étant toujours humides, la gelée qui furviendroit feroit geler indubitablement l'eau qui forme cette humidité, d'où réfulteroit le déchirement des fibres des membranes, des vaiffeaux, &c. dont eft compofée l'économie végétale. Quand même il n'y auroit pas dans les plantes une humidité ou des liqueurs naturelles, celle qui flotte dans un air humide ne feroit-elle pas abforbée par le tiffu poreux & fpongieux du bois de la vigne & de fon écorce, & l'effet ne feroit-il pas le même? Ces effets deftructeurs, ne feront-ils pas encore plus grands, puifque dans la réalité, à l'eau de la végétation, il faut ajouter celle qui eft dans l'atmofphère?

Ces raifons font encore plus preffantes lorfque les caufes qui rendent un pays humide font plus nombreufes. Les principales font les bas-fonds, les vallées, les rivières & fleuves qui coulent dans le voifinage d'une contrée, les étangs, les marais, les bois & les forêts qui en font près, un terrain argileux & glaifeux, &c. toutes ces caufes, non-feulement diminuent l'intenfité de la chaleur propre à un climat à caufe de fa proximité plus ou moins grande de l'équateur, mais encore rendent le froid plus vif & plus nuifible à raifon des parties aqueufes qui flottent dans l'air; elles rendent fur-tout ce froid plus long & doivent toujours faire craindre que s'il a ceffé pour un temps, il ne revienne bientôt. Nous ne donnerons ici qu'un exemple, parce qu'un feul fuffit plutôt pour montrer l'application de notre principe que pour le confirmer. La Bourgogne, fituée à une diftance égale du pole & de l'équateur, devroit jouir dans toute ſon étendue d'un air également tempéré ; mais ſa ſituation particulière, ſes hautes montagnes, ſes nombreuſes rivières, ſes étangs & ſes forêts, diminuent les effets de la chaleur, rendent le printemps froid & pluvieux juſqu'en Mai, occaſionnent des gelées & des grêles, qui le plus ſouvent détruiſent les plus belles eſpérances des récoltes ; ce qui nous eſt confirmé par ce qu'ont publié de la Bourgogne les Auteurs de la *deſcription générale & particulière de la France* (ſeconde livraiſon). Dans tous les pays froids & humides, il ne faut donc pas tailler la vigne ni dans l'automne ni en hiver.

On connoît facilement qu'un pays eſt humide, en jetant un coup-d'œil ſur tout ce qui l'environne, comme les montagnes, les rivières, les bois, &c., en examinant ſon ſol, en conſidérant ſon ciel nébuleux, &c. L'udomètre, inſtrument propre à connoître la quantité de pluie qui tombe annuellement dans un lieu, & conſéquemment pendant l'hiver, ſervira à montrer encore plus clairement l'humidité qui règne habituellement dans ce pays. Divers hygromètres, & ſurtout les hygromètres comparables, concourront au même but. Par le moyen d'un anemomètre, on ſaura quelles ſont les eſpèces de vents qui dominent dans une année, & le nombre des fois que chacun ſouffle dans une ſaiſon plutôt que dans une autre. Des obſervations de ce genre, faites pendant dix ans, donneront des réſultats propres à en tirer celui d'une année moyenne.

Ecoutons ſur le ſujet que nous traitons maintenant, divers Auteurs. « La gelée qui ſurvient à la vigne fraîchement taillée, dit l'Auteur du Mémoire ſur les Vignes de Bordeaux, envoyé à M. Bidet, avant qu'elle ne ſoit cicatriſée à la plaie que fait la ſerpette, lui eſt très-nuiſible. C'eſt un danger que court cette plante quand elle eſt taillée à la fin de l'automne, parce qu'il arrive ſouvent de fortes gelées en Guienne dans ce temps-là. » La gelée fit dans cette même Province de grands ravages ſur les vignes qui furent taillées en Décembre & Janvier pendant les années 1752, 53 & 54. Il y a du côté de Bordeaux, des palus où les vignes ſont ravagées par une gelée qui ne fait aucune impreſſion ſur d'autres palus. Auſſi, dit-on en manière de proverbe, que s'il ſurvient dans la Province pour un ſol de gelée, celles-là en reçoivent pour onze deniers. La gelée, dit le P. Cotte dans ſon Traité de Météorologie, eſt nuiſible à la vigne après des pluies & même après de ſimples brouillards. Hors de ces temps, elle peut éprouver de grands froids ſans dommage. Ainſi, ce n'eſt pas le froid ni la gelée par elle-même qui ſont funeſtes, ce ſont les circonſtances qui ont précédé, ſur-tout l'humidité. En 1740, au rapport de M. du Hamel, Mém. Acad. 1741. pag. 154, on oublia une quantité conſidérable de pommes dans un grenier expoſé à la gelée. Pendant deux mois environ, elles furent gelées & dures comme des pierres, cependant à la Pentecôte, on les trouva auſſi belles, auſſi ſaines que celles qui avoient été conservées avec précaution. Le froid fait donc moins de mal que l'humidité jointe à un froid même beaucoup moins considérable.

Par tout ce que nous avons dit jusqu'à présent, on voit que nous avons dû en suivant l'ordre, l'enchaînement des choses & la génération des idées, ne parler de la taille d'hiver que dans cette seconde Partie, où nous supposons que cette saison est froide & humide dans certains pays ; car les preuves que nous venons d'apporter, montrent que la taille d'automne est nuisible dans les pays où l'hiver est froid & humide ; elles montrent aussi qu'elle est également funeste dans ces mêmes contrées lorsqu'on la fait en hiver. On peut dire même qu'elle est encore plus pernicieuse, parce que le bois de la vigne fraîchement taillée, étant très-aqueux de sa nature, est plus sujet à se geler, & que les suites de la gelée & des verglas sur la blessure des tailles, sont de faire gercer le bois & de le faire fendre, &c.

Il est facile maintenant de répondre d'une manière plus particulière & par forme de corollaires, à la question qu'on s'est proposé de résoudre : quel est le temps le plus propre à tailler la vigne relativement à la différence des climats & à la situation des vignobles ? Si le climat est chaud, taillez en automne ; s'il est notablement froid, taillez dans le printemps. Par sa situation votre vignoble est-il dans un endroit sec, taillez en automne ; est-il dans un lieu humide & froid, ne pratiquez la taille que dans le printemps ; votre vignoble est-il exposé au vent d'ouest ou du sud,

ſud, ou plutôt à des vents pluvieux & humides; à des brouillards ſurtout dans un climat froid, c'eſt dans le printemps qu'il faut retrancher les ſarmens ſuperflus; au contraire, eſt-il expoſé à des vents ſecs qui enlèvent l'humidité quand même le pays eſt froid, pourvu qu'il ne le ſoit pas conſidérablement, vous pouvez tailler en automne; votre terrain eſt-il dans un vallon, près de quelques étangs, de quelques rivières ou de la mer, ſi le climat eſt froid, réſervez la taille pour le commencement de la belle ſaiſon. Soyez au contraire un des plus diligens, ſi votre vigne eſt ſur le côteau d'une montagne élévée (toutes choſes égales d'ailleurs, ce que nous ſuppoſons toujours, pour ne pas le répéter ſouvent dans toutes les circonſtances où l'on prévoit que cela doit s'entendre). Il en eſt de même ſi votre terrain eſt ſablonneux; c'eſt le contraire s'il eſt argileux & qu'il retienne l'humidité; il en eſt de même ſi vos vignes ſont proches de quelques bois ou forêts, les vapeurs aqueuſes qui s'élèvent des arbres par la tranſpiration, rendent humide l'air de l'atmoſphère; cet effet eſt le même s'il y a beaucoup de plantes potagères dans les environs, toutes choſes égales d'ailleurs.

Nous avons donné dans la première & la ſeconde Partie, un grand nombre de raiſons deſquelles nous déduiſons ces corollaires, & je ſuppoſe qu'on les a actuellement préſentes à l'eſprit.

Quoique je puſſe terminer ici ce Mémoire, peut-être déjà trop long, j'aurois cependant le regret de ne pas propoſer ici un moyen trop peu connu & trop peu pratiqué ; moyen qui réuniſſant les avantages des deux méthodes peut être employé dans tous les pays dans leſquels l'expérience du paſſé, ſeule regle ſûre, feroit craindre que la taille d'automne ou d'hiver ne fût nuiſible. Tous les Cultivateurs ſavent qu'en taillant la vigne, on ne laiſſe *ordinairement* que deux ou trois flèches ; & qu'à chaque flèche on ne laiſſe que deux ou trois boutons ou bourgeons ; dans ce cas chaque flèche n'a qu'environ la longueur d'un pouce. Faites tailler en automne toutes les vignes dont nous parlons, en laiſſant des flèches doubles en hauteur, c'eſt à dire, de deux ou trois pouces environ & qui aient conſéquemment quatre ou ſix bourgeons chacune. Si un froid rigoureux ſurvient, il n'y aura que le premier pouce du bois qui ſera endommagé, le ſecond pouce le plus proche de la tête du cep, ſera auſſi ſûrement préſervé que ſi le ſarment n'avoit pas été taillé. L'expérience la plus certaine & la plus conſtante, atteſte ce fait ſans aucun doute ; j'ai fait ainſi tailler pluſieurs vignes, & j'ai toujours obſervé la bonté & l'efficacité de cette méthode. Alors au printemps on taillera de nouveau la vigne en enlevant le pouce de bois qu'on a laiſſé par précaution à toutes les branches ou flèches de chaque cep. Si la gelée n'eſt pas ſurvenue, & s'il n'y a eu aucun dommage, on aura toujours ſoin de faire une ſeconde taille, de peur que la vigne, portant trop de fruit, ne s'épuiſe & ne périſſe bientôt.

Cetre méthode, comme je l'aï dit, réunit les avantages des deux pratiques de la taille en automne & dans le printemps, elle peut même se faire en hiver selon la commodité de l'Agronome. Elle a l'avantage de la taille de l'automne, en ce que le suc nourricier du cep ne sert pas à l'entretien d'une grande quantité de sarment inutile qu'on retranchera au printemps, &c. (rapportez ici toutes les raisons de la première Partie). On ne conserve uniquement que le peu de sarment nécessaire, afin que la gelée & le froid n'endommagent pas le bois qui doit porter du fruit, & c'est ici que reviennent toutes les raisons données dans la seconde Partie ; mais qu'on ne perde pas de vue que les raisons de la première étant essentielles & tirées de la nature de l'objet, on doit y avoir nécessairement le plus grand égard, & qu'au contraire celles de la seconde ne sont qu'accidentelles & locales, & indépendantes de l'essence & des propriétés de l'objet. Si on peut donc concilier ces deux méthodes, l'essentielle & l'accidentelle, on doit le faire : or, la nouvelle pratique en donne le moyen, il faut donc l'employer dans les endroits où on auroit lieu de craindre que la taille ordinaire d'automne ou d'hiver ne fût nuisible aux vignes, c'est-à-dire, dans les endroits où le froid humide regne habituellement, ce qu'on peut connoître par des observations de plusieurs années faites avec le thermomètre, l'anemomètre, l'udomètre & l'hygromètre ainsi que nous l'avons dit plus haut. Cette méthode mixte n'est ici proposée que pour les pays où l'obſervation a prouvé que la taille de la fin de l'automne & celle de l'hiver, ſont pernicieuſes.

On ne doit pas craindre que cette méthode ſoit diſpendieuſe, car la première taille d'automne ſe fera fort vîte; elle ſe fera même avec une rapidité étonnante, parce qu'on eſt délivré de toute attention particulière. La ſeconde taille ſe fera à la vérité avec la même attention qu'on apporte ordinairement à tailler la vigne, mais elle ſe pratiquera ſans la gêne & l'embarras qu'éprouve communément le Cultivateur lorſqu'il eſt obligé de parcourir une vigne dans laquelle il y a de longs ſarmens qu'il faut prendre, couper, rejeter: de ſorte qu'à tout conſidérer, on peut dire que le temps total & la dépenſe ſeront les mêmes, ou que s'il y a quelque différence dans la dépenſe, elle ſera de peu de choſe; & quand même elle ſeroit un peu plus grande, les avantages qui en réſultent ne dédommageroient-ils pas abondamment le Propriétaire éclairé, qui abandonnant la routine, ſe ſeroit déterminé pour une méthode utile qui eſt le fruit de l'expérience.

F I N.

www.ingramcontent.com/pod-product-compliance
Lightning Source LLC
LaVergne TN
LVHW050452160826
845677LV00003B/752

* 9 7 8 2 3 2 9 6 6 8 0 9 3 *